特別感謝對我美妙，難以置信，
驚人和愛戀的妻子卡羅爾!
您的對我的支持和信心和您的存在由我，因為我們比我是孩子是珍貴對我可以表達。

詞和例證由

邁克爾・理查Craig。

1 2

5 6

9

3 4

7 8

10

1張
傻的面孔

MRC

二

2張

傻的面孔

三

3張
傻的面孔

四

4張

傻的面孔

五

5張

傻的面孔

六

6張

傻的面孔

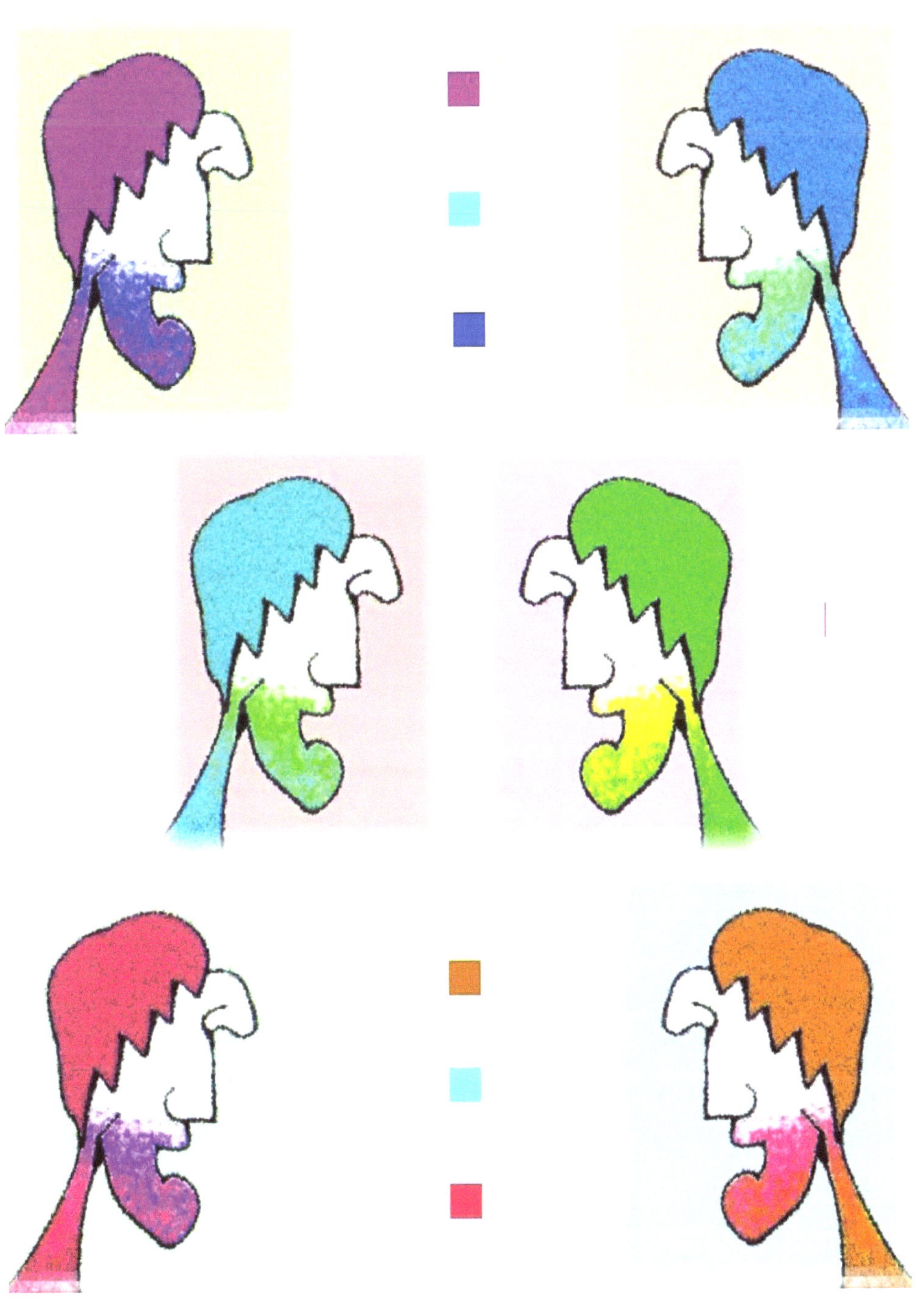

七

7張

傻的面孔

八

8張

傻的面孔

九

9張

傻的面孔

十

10張

傻的面孔

1
MR

2

3

4

5

6

7

8

9

10

末端。

好工作！

這些面孔是從彙集「邁克爾・理查Craig

」的

許多面孔

這是的一个在十捲組

計數傻的面孔到一百。

Nobodiesinc@yahoo.com

TeeGeeBeeTeeGee

www.ingramcontent.com/pod-product-compliance
Lightning Source LLC
LaVergne TN
LVHW071804230826
846093LV00019B/7
9781481099646